石油石化现场作业安全培训系列教材

受限空间作业安全

中国石油化工集团公司安全监管局
中国石化青岛安全工程研究院　　组织编写

中国石化出版社

图书在版编目（CIP）数据

受限空间作业安全 / 苏国胜主编；中国石油化工集团
公司安全监管局，中国石化青岛安全工程研究院组织编写.
— 北京：中国石化出版社，2015.6（2017.9 重印）
石油石化现场作业安全培训系列教材
ISBN 978-7-5114-3385-5

Ⅰ. ①受… Ⅱ. ①苏… ②中… ③中… Ⅲ. ①石油化
学工业 – 安全生产 – 安全培训 – 教材 Ⅳ. ① TE687

中国版本图书馆 CIP 数据核字 (2015) 第 115369 号

中国石化出版社出版发行

地址：北京市朝阳区吉市口路 9 号
邮编：100020　电话：(010)59964500
发行部电话：(010)59964526
http://www.sinopec.press.com
E-mail:press@sinopec.com
北京富泰印刷有限责任公司印刷
全国各地新华书店经销
*
787×1092 毫米 32 开本 2.25 印张 38 千字
2015 年 10 月第 1 版　2017 年 9 月第 8 次印刷
定价：20.00 元

序

　　近年来相关统计结果显示，发生在现场动火作业、受限空间作业、高处作业、临时用电作业、吊装作业等直接作业环节的事故占石油石化企业事故总数的90％，违章作业仍是发生事故的主要原因。10起事故中，9起是典型的违章作业事故。从相关事故案例和违章行为的分析结果来看，员工安全意识薄弱，安全技术水平达不到要求是制约安全生产的瓶颈。安全培训的缺失或缺陷几乎是所有事故和违章的重要成因之一。

　　加强安全培训是解决"标准不高、要求不严、执行不力、作风不实"等问题的重要手段。

　　企业在装置检修期，以及新、改、扩建工程中，甚至日常检查、维护、操作过程中，都会涉及大量直接作业活动。《石油石化现场作业安全培训系列教材》涵盖动火作业、受限空间作业、高处作业、吊装作业、临时用电作业、动土作业、断路作业和盲板抽堵作业等所涉及的安全知识，内容包括直接作业环节的定义范围、安全规章制度、危害识别、作业过程管理、安全技术措施、安全检查、应急处置、典型事故案例以及常见违章行为等。通过对教材的学习，能够让读者掌握直接作业环节的安全知识和技能，有助于企业强化"三基"工作，有效控制作业风险。

安全生产是石油化工行业永恒的主题，员工的素质决定着企业的安全绩效，而提升人员素质的主要途径是日常学习和定期培训。本套丛书既可作为培训课堂的学习教材，又能用作工余饭后的理想读物，让读者充分而便捷地享受学习带来的快乐。

前言

　　直接作业环节安全管理一直是石油化工行业关注的焦点。为使一线员工更好地理解直接作业环节安全监督管理制度，预防安全事故发生，中国石油化工集团公司组织相关单位开展了大量研究工作，旨在规范直接作业环节的培训内容、拓展培训方式、提升培训效果。在此基础上，依据国家法规、标准，编写了《石油石化现场作业安全培训系列教材》。该系列教材系统介绍石油石化现场直接作业环节的安全技术措施和安全管理过程，内容丰富，贴近现场，语言简洁，形式活泼，图文并茂。

　　本书是系列教材的分册，可作为受限空间作业人员、监护人员以及管理人员的补充学习材料，主要内容有：

　　◆ 作业活动的相关定义；

　　◆ 作业危害识别；

　　◆ 安全技术措施；

◆ 作业许可证或其他作业过程控制票证的管理;

◆ 作业前的安全技术交底;

◆ 相关人员职责;

◆ 安全检查;

◆ 典型事故案例;

◆ 应急措施;

◆ 急救常识等。

通过本书的学习,读者可以更好地掌握受限空间作业的安全技术措施和安全管理要求,熟悉工作程序、作业风险、应急措施和救护常识等。书中内容具有一定的通用性,并不针对某一具体装置、具体现场。对于特定环境、特殊装置的具体作业,应严格遵守相关的操作手册和作业规程。

本书由中国石油化工集团公司安全监管局、中国石化青岛安全工程研究院组织编写。书中选用了中国石油化工集团公司安全监管局主办的《班组安全》杂志的部分案例与图片,在此一并感谢。由于编写水平和时间有限,本书内容尚存不足之处,敬请各位读者批评指正并提出宝贵意见。

目 录

1 定义范围 —————————————— 01

2 作业危害识别 ————————————— 03

3 安全技术措施 ————————————— 10

4 作业许可证管理 ———————————— 30

5 安全技术交底 ————————————— 37

6 人员职责 —————————————— 39

7 安全检查 —————————————— 43

8 典型事故案例分析 ———————————49

9 应急管理 ———————————52

10 急救常识 ———————————58

1 定义范围

🔔 1.1 受限空间定义

进出口受限，通风不良，可能存在易燃易爆、有毒有害物质或缺氧，对进入人员的身体健康和生命安全构成威胁的封闭、半封闭设施及场所，如反应器、塔、釜、槽、罐、炉膛、锅筒、管道以及地下室、窨井、坑（池）、下水道或其他封闭、半封闭场所。

🔔 1.2 受限空间作业

人员进入或探入受限空间进行的作业，如探头检查、伸手取物、全身而入等。

🔔 1.3 受限空间作业典型示例

2 作业危害识别

🔔 2.1 缺氧

当氧气含量低于18%时，即为缺氧状态。缺氧的环境十分危险，通常情况下，人员无法察觉出任何明显的迹象或征兆，但是进入后则会出现神志不清、昏厥摔倒，进而失去知觉、无法行动、更不能自救。如果救援不及时很有可能导致人员窒息而亡。

造成受限空间内部缺氧的原因主要有：

（1）受限空间处于气体保护状态，如塔、釜、罐等氮气保护；

（2）进入前气体置换不彻底；

（3）内部空气流通不畅，窒息性气体积聚；

（4）所从事的作业活动消耗氧气，如焊接；

（5)内部发生其他化学反应消耗氧气,如罐内壁生锈等。

🔔 2.2 易燃易爆

由于受限空间内部通风不畅、吹扫处理不彻底、气体检测不合格、系统隔离不到位等原因，原来空间内存在的、挥发形成的或新产生的可燃性气体（如氢气、一氧化碳、甲烷、丙烷、乙烯等气态烃类和汽油、煤油、酒精、油漆等挥发性易燃液体），就可能与氧气形成混合气体。当混合气体达到爆炸(燃烧)极限时，遇到火花、明火、热辐射等点火源，即可爆炸或燃烧，造成人员伤亡和设备损坏。同时，

人体吸入不同含氧量空气的生理反应

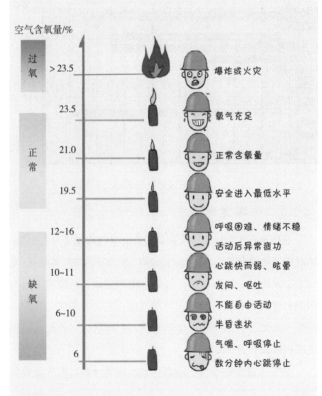

空气含氧量/%

过氧	> 23.5	爆炸或火灾
正常	23.5	氧气充足
	21.0	正常含氧量
	19.5	安全进入最低水平
缺氧	12~16	呼吸困难、情绪不稳 活动后异常疲劳
	10~11	心跳快而弱、眩晕 发闷、呕吐
	6~10	不能自由活动 半昏迷状
	6	气喘、呼吸停止 数分钟内心跳停止

因为反应激烈，爆炸或燃烧过程消耗大量氧气，受限空间的内部形成了缺氧环境，容易引发二次事故。

部分易燃气体爆炸浓度范围（空气中体积分数）

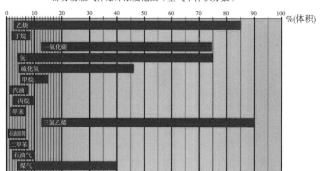

🔔 2.3　中毒窒息

　　石化企业生产过程涉及到的有毒有害气体主要分为两类：刺激性气体和窒息性气体。前者如氯、氨、氮氧化物、碳酰氯（光气）、氟化氢、二氧化硫、三氧化硫和硫酸二甲酯等对人的眼睛和呼吸道黏膜有刺激作用的气体；后者如氮气、甲烷、乙烷、乙烯、一氧化碳、硝基苯蒸气、氰化氢、硫化氢等能造成机体缺氧的气体。

　　如果人员操作不慎、违章作业，或者设备以及连接设备的阀门和管道等存有缺陷，就可能导致有毒有害气体的泄漏，并在受限空间内积聚。

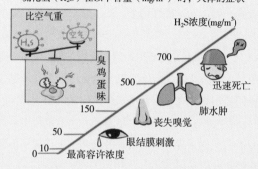

硫化氢（H_2S）在以下含量（mg/m^3）时，人体的症状

比空气重

H_2S浓度(mg/m^3)

臭鸡蛋味

700 —— 迅速死亡

500 —— 肺水肿

150 —— 丧失嗅觉

50 —— 眼结膜刺激

0 10 —— 最高容许浓度

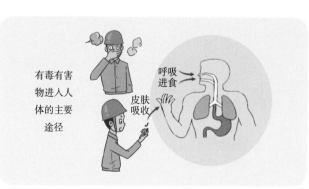

有毒有害物进入人体的主要途径

呼吸进食

皮肤吸收

🔔 2.4   富氧

正常情况下，空气中氧气含量为 21% 左右，氧气含量超过正常水平时，就是富氧状态。进入受限空间作业要求氧气含量为 18% ~ 23.5%，如果受限空间中的氧气含量长时间超过 23.5%，这很可能是附近医用或作业用的氧气承装容器发生了泄漏。而随着气体混合物中氧气含量的增加，可燃气体的爆炸极限范围将扩大，火灾或爆炸风险随之增大。同时，当人长时间吸入高浓度的富氧空气（通常指氧含量大于 40%）时，会导致新陈代谢下降，从而出现疲倦感、头疼和手不灵活等氧中毒症状。

🔔 2.5   物理危害

（1）极端温度；

（2）负压；

（3）噪声；

（4）高处坠落；

（5）尖锐的物体；

（6）吞没；

（7）机械能释放；

（8）漏电、雷电等。

3 安全技术措施

3.1 作业前文件材料准备

（1）受限空间作业许可证；

（2）受限空间应急救援预案；

（3）受限空间气体检测记录；

（4）受限空间进入者名单；

（5）受限空间进入前会议记录；

（6）化学品安全技术说明书（MSDS）等。

受限空间作业许可证

申请单位		施工单位	
设施名称		作业内容	
原有介质		主要危害因素	
生产单位安全负责人		施工单位安全负责人	
作业人员			
监护人			

采样分析数据	分析项目	氧含量	可燃气	有毒气体		分析人	
	分析结果					采样时间	

开工时间		年 月 日 时 分	

序号	主要安全措施	确认人签名
1	所有与受限空间有联系的阀门、管线加盲板隔离，列出盲板清单，并落实拆装盲板责任人	
2	设备经过置换、吹扫、蒸煮	
3	设备打开通风孔进行自然通风，温度适宜人员作业；必要时采用强制通风或佩戴空气呼吸器，但设备内缺氧时，严禁用通氧气的方法补充氧	

4	相关设备进行处理，带搅拌机的设备应切断电源，挂"禁止合闸"标志牌，设专人监护	
5	检查受限空间内部，具备作业条件，清罐时应用防爆工具	
6	检查受限空间进出口通道，不得有阻碍人员进出的障碍物	
7	盛装过可燃有毒液体、气体的受限空间，应分析可燃、有毒有害气体含量	
8	作业人员清楚受限空间内存在的其他危害因素，如内部附件、集渣坑等	
9	作业监护措施：消防器材（　　　）、求生绳（　　　）、气防装备（　　　）	
10	其他补充措施：	
危害识别		

施工作业负责人意见	基层单位现场负责人意见	基层单位领导审批意见	二级单位领导审批意见
年　月　日	年　月　日	年　月　日	年　月　日

完工验收	验收时间	施工单位	签名：	生产单位	签名：

气体检测 \ 时间	9:00	9:30	10:00	10:30	11:00	11:30	12:00	12:30
氧气浓度	20.4	20.4	20.4	20.8	20.8	20.6	20.6	20.6
有毒气体浓度	0	0	0	0	0	0	0	0
可燃气体浓度	0	0	0	0	0	0	0	0

检测时间：2014.10.11   检测人：杰英杰

气体检测记录

气体检测 \ 时间	14:00	14:30	15:00	15:30	16:00	16:30	17:00	17:30
氧气浓度	20.6	20.6	20.7	20.7	20.7	20.8	20.8	20.9
有毒气体浓度	0	0	0	0	0	0	0	0
可燃气体浓度	0	0	0	0	0	0	0	0

检测时间：2014.10.11   检测人：杰英杰

气体检测记录

受限空间进入人员名单

T201塔
2014.10.11

序号	姓名	工作内容	进入时间	退出时间	监护人
1	张国栋	更换填料	9:05	12:20	黄峰
2	赵文强	更换填料	9:50	12:20	黄峰
3	唐行峰	更换填料	9:10	11:30	黄峰
4	刘梅	安装填料	9:10	11:20	黄峰
5	董彦宾	安装填料	9:10	10:50	黄峰
6	张永博	安装填料	9:30	10:45	黄峰
7	杨帅	安装填体	9:28	10:50	黄峰
8	王洪南	更换填料	9:30	11:30	黄峰
9	安清	更换填料	9:25	11:25	黄峰
10	严刚	更换填料	9:50	11:50	黄峰
11	王晓明	更换填料	10:00	12:15	黄峰
12	马豪	更换填料	10:30	12:20	黄峰

受限空间人员进入名单

🔔 3.2　人员的安全培训

（1）进入作业区的人员必须按照国家"三级安全教育"的相关要求，接受安全培训，并考核合格。

（2）进入受限空间前，作业人员应参加受限空间专项安全培训，明确作业危害和安全措施、掌握安全操作规程、熟悉安全管理要求、了解应急处置和急救的基础知识。

（3）进行受限空间作业的监护人员，还应参加监护人培训，熟悉作业过程管理，提升监护工作技能，明确安全职责等。

🔔 3.3　工艺隔离

对生产、储存、输送易燃易爆、有毒有害物料的设备、容器，应首先切断物料来源，加盲板或断开连接管线，彻底切断设备间物料进出。加、取盲板要有专人负责，所用盲板要用符合压力等级的正式盲板，不能用白铁皮、石棉板等材料替代

吹扫

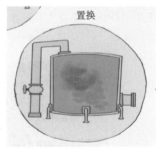

置换

盲板。工艺处理结束后，确认系统已隔离，所有与系统相连的管线阀门已断开或加盲板，盲板已挂标识牌。

3.4 吹扫置换

为了确保受限空间内的气体环境满足作业要求，需要用空气、水蒸气、氮气或其他惰性气体，将受限空间内的有毒有害、易燃易爆气体置换出来。

3.5 通风

为保证受限空间内空气流通和人员呼吸需要，可采用自然通风，必要时采取强制通风，严禁向内充氧气。进入受限空间内的作业人员每次工作时间不宜过长，应轮换作业或休息。

🔔 3.6 照明

　　无论任何情况下进入受限空间，必须提供充足的照明。受限空间内应保持光线充足，否则应为进入受限空间的人员提供"非手持型的照明系统"。金属或潮湿环境下的受限空间作业应使用安全电压。当受限空间内含有可燃气体或可燃挥发物时，所有的电气照明系统必须符合防爆要求。

🔔 3.7　气体检测

作业前应对受限空间进行气体取样分析，分析合格后方可进入。

受限空间容积较大时，应对上、中、下各部位分别取样分析，保证受限空间任何部位的可燃气体浓度、氧气含量和有害物质含量在可接受范围内。

（1）检测要求

● 取样应有代表性，特别要注重人员可能到达的区域；

● 取样点应包括受限空间的顶端、中部和底部；

● 取样时应停止任何气体吹扫；

● 测试次序为氧含量、易燃易爆气体、有毒有害气体；

● 作业期间每隔 2 小时取样复查一次，如有一次数据不合格立即停止作业等。

（2）检测标准

当可燃气体爆炸下限大于等于 4% 时，其被测浓度不大于 0.5% 为合格；爆炸下限小于 4% 时，其被测浓度不大于 0.2% 为合格；氧含量 18% ~ 23.5% 为合格。

受限空间内有毒、有害物质浓度不得超过《工作场所有害因素职业接触限值》（GBZ 2.1—2007）中规定的指标。如有一项不合格，不得进入或立即停止作业。

工作场所有害因素职业接触限值

中文名	英文名	职业接触限值 / (mg/m³)		
		最高容许浓度	时间加权平均容许浓度	短时间接触容许浓度
氨	Ammonia	—	20	30
苯	Benzene	—	6	10
丁烯	Butylene	—	100	—
二硫化碳	Carbon disulfide	—	5	10
二氧化氮	Nitrogen dioxide	—	5	10
二氧化硫	Sulfur dioxide	—	5	10
环氧乙烷	Ethylene oxide	—	2	—
甲苯	Toluene	—	50	100
硫化氢	Hydrogen sulfide	10	—	—
液化石油气	Liquified petroleum gas （L.P.G.）	—	1000	1500
一氧化氮	Nitric xide （Nitrogen noxide）	—	15	—
……	……	……	……	……

注：以上内容摘自《工作场所有害因素职业接触限值》（GBZ 2.1—2007）

气体分析检测单（样本）

作业种类: 1.动火作业; 2.受限空间作业							
采样部位:							
采样时间:		年	月	日	时	分	
氧气浓度 /%（体积）:							
有毒气体浓度 /ppm:							
可燃气体浓度		内部			环境		
% （体积）							
% （LEL）							
分析人:		确认人:					

注: 1. 在采样部位栏标明内部气体或环境气体;

　　2. 如存在多种有毒气体，要逐项分析，填写数据。

🔔 3.8　现场警示标识

　　受限空间进入点附近设置醒目的警示标识，并告知作业者存在的危险有害因素和防控措施，防止未经许可人员进入作业现场。

🔔 3.9 个人防护用品

管理要求

进行受限空间作业前，作业单位应为人员配备合格的个人防护用品，如氧气呼吸器、防毒面罩、安全带等。

作业过程中，人员应正确佩戴、使用个人防护用品。在作业过程中，不能去除、卸下防护用品。

个人防护用品应由专人进行维护保养。严禁非专业人员修复、改动防护用品。

正压式空气呼吸器的使用

（1）使用前的检查、准备工作

①打开空气瓶开关，气瓶内的储存压力一般为25~30MPa。

②关闭气瓶阀，观察压力表的读数变化，在5分钟内，压力表读数下降应不超过2MPa。否则，应检查各接头部位的气密性。

22

过滤式		
自吸过滤式		动力送风 过滤式
半面罩	全面罩	

隔绝式			
供气式		携气式	
正压式	负压式	正压式	负压式

③检查压力表有无损坏，连接是否牢固。

④检查导管是否老化，各类阀、快速接头、减压器的连接是否牢固，有无损坏。

⑤检查供给阀的动作是否灵活、是否缺件，与导管的连接是否牢固、是否损坏。供给阀和呼气阀是否匹配等。

⑥检查全面罩的镜片、系带、环状密封、呼气阀、吸气阀是否完好，有无缺件。供给阀的连接位置是否正确，连接是否牢固。

⑦检查空气瓶的固定是否牢固，与减压器连接是否牢固。背带、腰带是否完好，有无断裂处等。

（2）佩戴方法

①将断开快速接头的空气呼吸器，瓶阀向下背在人体背部；不带快速接头的空气呼吸器，将全面罩和供气阀分离后，

将其瓶阀向下背在人体背部；根据身高调节好调节带的长度，根据腰围调节好腰带的长度后，扣好腰带。将压力表调整到便于佩戴者观察的位置。

②将快速接头插好，供气阀和全面罩也要连接好；没有快速接头的空气

呼吸器要将全面罩的脖带挂在脖子上。

③将瓶阀开关打开一圈以上，此时应有一声响亮的报警声，说明瓶阀打开后已充满压缩空气；压力表的指针也应指示相应的压力。

④佩戴好全面罩，深吸一口气，供气阀供气后观察压力表，如果有回摆，说明瓶阀开关的开气量不够，应再打开一些，直到压力表不回落为止。

（3）脱卸方法

①确认回到安全场所，脱开供气阀：吸口气屏住呼吸，关闭供气阀，一手握住阀体，另一手握住供气阀手轮旋转一角度，拉动供气阀脱离面罩。

②拨动头带上的带扣使头带松开，抓住进气口脱开面罩。

③脱开腰带扣、脱开胸带扣，脱开肩带，卸下呼吸器。

④关闭气瓶，将系统内余气排尽。

🔔 3.10　其他安全措施

①受限空间内若带有搅拌器等转动部件的，必须停机切断电源，并在开关上挂"有人工作，严禁合闸"的警示牌。

②受限空间作业面存在坠落风险时，必须按照高处作业的相关规定，落实防止坠落的安全措施。如搭设临时作业平台，设置生命绳、安全网等。

③制定通风方案，确定合适的排气口用来排出用火区域的烟气和有害散发物。

④受限空间出入口保持通畅，便于人员出入和抢救疏散。

⑤乙炔瓶和氧气瓶必须放置在受限空间外。出于任何原因暂停工作时，必须将供气软管与气瓶断开或将工具带出受限空间。

⑥如存在静电危害时，应采取可靠的接地措施并进行检测，接地电阻值应小于10Ω。

⑦受限空间内应始终保持整洁有序。所有不必要的材料都必须从受限空间内清除。

⑧作业结束后，应检查作业现场，整理材料和工具，不留着火隐患。

⑨当受限空间状态改变或停止作业时，应在入口处设置"危险！严禁入内！"的警示牌。

3.11 作业结束后的检查确认

作业结束后，作业人员、监护人与受限空间所属单位人员，应共同对作业现场进行检查，做到工完料净场地清。检查内容主要包括以下内容：

（1）清点人数，确定人员是否全部撤离；

（2）现场有无遗留火种；

（3）受限空间的阻挡措施和警示标识是否恢复；

（4）拆开的管道、阀门口封堵是否良好；

（5）电源是否断开；

（6）工具、零部件是否妥善保管。

4 作业许可证管理

4.1 作业许可证的办理

受限空间作业许可证的办理流程可分为六步，下面以检修期间作业单位进入受限空间作业为例，对办理程序进行说明：

第一步 受限空间所在单位和作业单位结合作业内容，对受限空间进行危害识别，分析受限空间内是否存在缺氧、富氧、易燃易爆、有毒有害、高温、负压等危害因素，并制定相应的作业程序、安全防范和应急措施；

第二步 作业负责人根据作业程序，监督落实安全措施和应急措施，并在作业许可证上签字确认；

第三步 受限空间所在单位的相关负责人对作业程序和安全措施进行现场确认后，签发作业许可证；

第四步 作业前，受限空间所在单位必须向作业单位进行现场检查交底，交底内容为作业任务、可能存在的风险以及作业环境等，并会同作业单位现场负责人、技术人员、监护人员对许可证列出的有关安全措施逐条确认，需要补充的安全措施在确认后填入相应栏内；

第五步 作业负责人向所有作业人员进行作业程序和安全措施交底，并指派专职作业监护人；

第六步 作业结束后，受限空间所在单位与作业单位的现场安全负责人在许可证完工验收栏中签字确认。

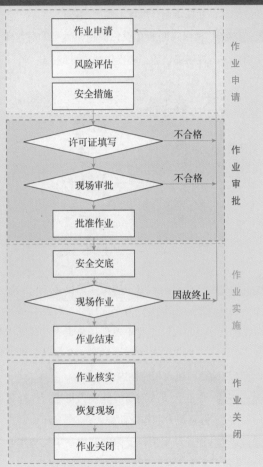

作业许可证的办理步骤

作业申请 → 风险评估 → 安全措施 【作业申请】

许可证填写 —不合格 → 现场审批 —不合格 → 批准作业 【作业审批】

安全交底 → 现场作业 —因故终止 → 作业结束 【作业实施】

作业核实 → 恢复现场 → 作业关闭 【作业关闭】

🔔 4.2 作业许可证的管理

申请准备

作业负责人申请办理受限空间作业许可证，办理前应准备如下相关资料：

（1）受限空间作业许可证；

（2）风险分析（如 JHA）结果；

（3）应急救援预案或计划；

（4）相关安全培训证明；

（5）会议记录（如果有）；

（6）其他相关材料。

现场核查

作业许可证审批人员，应与作业申请人一起到现场工作区域进行实地检查，确认各项安全措施的落实情况。现场确认内容包括：

（1）与作业有关的设备、工具、材料等；

（2）现场作业人员资质及能力情况；

（3）气体检测和监测设备的情况；

（4）个人防护装备的配备情况；

（5）安全设施的配备、应急措施的落实情况；

（6）作业相关的培训、沟通情况；

（7）作业方案中提出的其他安全措施落实情况等。

作业许可证的审批

作业许可证及安全措施通过现场核查后，申请人、审批人和受影响的相关各方均应在作业许可证上签字；如果现场核查未通过，作业申请人应重新办理作业许可证，并按要求落实安全措施。

作业许可证的期限、延期和关闭

许可证的有效期为作业项目一个周期。

当作业中断1小时以上再次作业前，应重新对环境条件和安全措施进行确认；当作业内容和环境条件变更后必须重新办理许可证。

作业完成后，申请人与批准人在现场验收（清点工具、清理现场，解除隔离设施等）合格双方签字后方可关闭作业许可证。

作业许可证的取消

当发生下列任何一种情况时，生产单位和作业单位的现场监督人员应立即取消作业，终止相关作业许可证，并通知批准人。若要继续作业，应重新办理许可证。

（1）作业环境和条件发生变化；

（2）作业内容发生改变；

（3）现场作业与作业计划的要求发生重大偏离；

（4）发现有可能造成人身伤害的不安全行为；

（5）现场作业人员发现重大安全隐患；

（6）事故状态下等。

管理要求

作业许可证实行一个作业点、一个作业周期内同一作业内容一张作业许可证。

许可证不应随意涂改和转让，不应变更作业内容、扩大使用范围、转移作业部位或异地使用。

作业内容变更，作业范围扩大、作业地点转移或超过有效期限，以及作业条件、作业环境条件或工艺条件改变时，应重新办理作业许可证。

许可证中各栏目，分别由相应责任人填写，其他人不得代签；作业人员、监护人姓名应与许可证一致。

根据作业许可证的内容，作业负责人应对作业人员进行安全技术交底。

若许可证中安全措施、气体检测、评估等栏目内容填满后，应另加附页。

许可证和附页应妥善保管，保存期为1年。

5 安全技术交底

　　进入受限空间作业前，生产单位必须向施工单位进行现场安全交底，生产单位有关人员会同施工单位的现场负责人及专业技术人员、监护人，对作业设备、设施进行现场检查，对作业内容、可能存在的风险以及作业环境进行交底，结合作业环境对许可证列出的有关安全措施逐条确认，并将补充措施确认后填入相应栏内。

交底内容：

- 受限空间作业的名称；

- 受限空间的位号；

- 作业时间；

- 具体作业内容和要求；

- 作业环境和危害；

- 针对危害，采取的预防措施；

- 安全操作规程；

- 相关规章制度；

- 一旦发生事故如何报告、避险；

- 急救常识。

作业、监督及相关管理人员确认交底并签名；注明交底时间及其他内容或要求，做好书面记录。

6 人员职责

🔔 6.1 作业人员职责

（1）持有效的许可证方可进行作业。

（2）作业前应充分了解作业的内容、地点（位号）、时间和要求，熟知作业中的危害因素和安全措施。

（3）许可证中所列安全措施经落实确认、监护人同意后，作业人员才可进入受限空间内作业。

（4）作业人员在规定安全措施不落实、作业监护人不在场等情况下有权拒绝作业，并向上级报告。

（5）服从作业监护人的指挥，严禁携带作业器具以外的物品进入受限空间。如发现作业监护人员不履行职责，应立即停止作业。

（6）在作业中发现异常情况或感到不适应、呼吸困难时，应立即向作业监护人发出信号，迅速撤离现场，严禁在有毒、窒息环境中摘下防护面罩。

🔔 6.2　监护人员职责

（1）作业监护人应熟悉作业区域的环境和工艺情况，有判断和处理异常情况的能力，掌握急救知识。

（2）作业监护人在作业人员进入受限空间作业前，负责对安全措施落实情况进行检查，发现安全措施不落实或不完善时，有权拒绝作业。

（3）作业监护人应清点出入受限空间的作业人数，在出入口处保持与作业人员的联系，严禁离岗。当发现异常情况时，应及时制止作业，并立即采取救护措施。

（4）作业监护人应随身携带许可证。

（5）作业监护人在作业期间，不得离开现场或做与监护无关的事。

🔔 6.3 监护人员的培训

作业监护人应就如下内容接受培训：

（1）岗位职责；

（2）危害因素评估（如化学、机械、热量、气体、坠落和任何其他特殊危害）；

（3）人员受到危害影响时的行为表现；

（4）终止进入的条件；

（5）随时掌握作业人员数量的正确方法；

（6）辨别作业人员的方法；

（7）监督空间内外活动和提醒作业人员的方法；

（8）监督作业人员及提醒其撤离的方法；

（9）撤离程序的启动时机和实施；

（10）救援联络方法；

（11）救援过程中的职责；

（12）预防、劝阻误入人员的方法，通知作业人员已有误入人员的方法；

（13）交接的时间和内容；

（14）其他注意事项，如不做职责之外的其他工作等。

7 安全检查

安全检查的内容如下：

（1）是否办理了作业许可证；

（2）是否进行了安全交底；

（3）是否有监护人；

（4）人员是否有相关资质；

（5）是否落实了安全措施保障（如个人防护用品、气体检测、电气设备、照明等）；

无证不入

无措施不入

无监护人不入

（6）是否进行合理通风（自然通风和强制通风），禁止直接向受限空间内部吹入氧气；

（7）制定应急预案，配备救护器具和灭火器材，清除进出口障碍物；

（8）进入带有搅拌器等转动部件的设备，应切断电源，挂牌警示，专人监护；

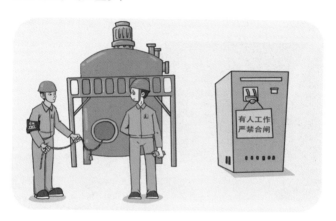

（9）不得使用卷扬机，吊车等运送作业人员；

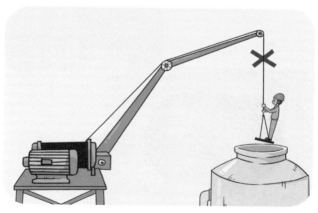

（10）作业人员的防护用品是否穿戴齐全；

（11）炎热天气时，受限空间内的作业人员是否进行了轮岗；

（12）受限空间内的切割作业，使用的割枪是否漏气、割枪旋钮是否完好，是否使用安全电压照明；

（13）手持电动工具的电源线是否完好无损；

（14）进出受限空间的通道是否通畅；

（15）受限空间内光线是否充足。

8 典型事故案例分析

◀ [案例 1] ▶ 2007 年 3 月某日，某制氧站 3 名员工进入空分分离塔内进行氩气保护焊接工作。由于空间狭小，氧气供应不足，3 人先后窒息昏迷在分离塔管道内，后经抢救无效死亡。

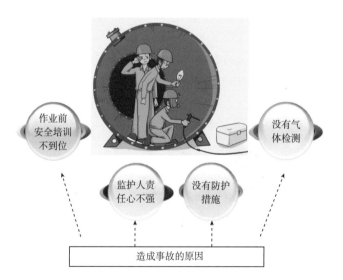

作业前安全培训不到位

没有气体检测

监护人责任心不强

没有防护措施

造成事故的原因

◀ **［案例2］** ▶ 2005年4月某日，某公司2名员工在清洗储罐的过程中，因氮气窒息而死亡。期间，另1名员工曾试图救援，结果也发生窒息，险些丧命。

据有关部门介绍，事故发生在清晨6时多，当时2名员工进入该厂一储罐，清洗树脂切片的残渣。由于罐内的氮气没有被置换完全，2名员工在不知情的情况下，贸然进入作业，导致缺氧窒息。

事故原因

（1）作业管理存有缺陷，没有办理作业许可证，更没有落实安全措施；

（2）作业沟通不畅，在不具备安全作业条件的情况下，相关单位匆忙安排作业活动；

（3）作业人员的安全培训不到位，安全意识淡薄，未识别出危险隐患，未掌握救援常识。

◀ [案例3] ▶ 2006年2月某日上午，某公司人员到合成氨装置火炬系统检查蒸汽伴热系统堵漏情况。在检查卧式阻火器水封罐罐内是否有漏点过程中，3人先后进入罐内，因氮气窒息死亡。

直接原因

该罐内充满氮气，造成进入罐内的3人窒息并迅速昏迷，导致死亡。

间接原因

未办理受限空间作业许可证，未对容器内气体进行检测分析，盲目进罐作业。

出现险情后，在未佩戴正压呼吸器的情况下盲目进罐施救，导致事故扩大。

9 应急管理

🔔 9.1 应急预案

作业单位应编制书面应急预案。现场作业人员须熟知应急预案的内容,至少应包括以下几个方面:

- 应急救援行动的组织机构;

- 应急处置流程;

- 逃生路线及紧急集合点;

- 现场应配备的救护器具和灭火器材;

- 基本救护方法。

🔔 9.2 应急装备

在受限空间作业区域内配备一定数量的、符合规定的应急救护器材,如空气呼吸器、长管呼吸器、供风式防护面具、应急通讯器材、气体检测设备、强制通风设备、便携式防爆电气设备、应急照明设备、灭火器、救生绳、安全梯、急救箱等。

应急器材应由专人管理,负责其采购、维护、检查、保养及分发等事宜。

🔔 9.3　应急演练

　　相关单位应定期组织应急演练，使作业人员掌握基本的应急技能。

🔔 9.4 疏散

　　熟悉厂区的疏散路线和紧急集合点，尽量朝着上风向或侧风向疏散。参见下页示例图。

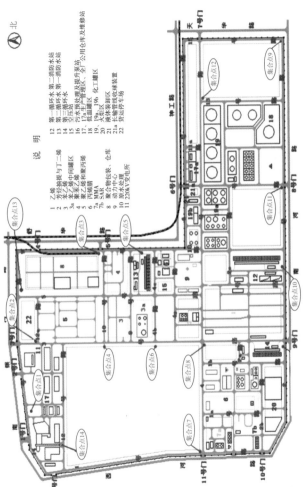

说　明

1　乙烯
2　芳烃抽提与丁二烯
3　苯乙烯
3a　苯乙烯中间罐区
4　聚苯乙烯
5　丙烯腈
6　MMA
7　SAR
7a　聚乙烯和聚丙烯
7b　SAR
8　聚合物包装、仓库
9　动力中心
10　雨水处理
11　220kV变电所

12　第一循环水第二消防水站
13　第二循环水第二消防水站
14　第三循环水
15　空压站
16　污水预处理及提升泵站
17　生产管理区、全厂公用仓库及维修站
17a　低温罐区
18　化工罐区
19a、19b　火炬区
20　火炬区
21　液体装卸区
21a　长输管线收球球场
22　货运停车场

北 ⊕

集合点13
集合点3
集合点5
集合点2
集合点1
集合点14
集合点4
集合点6
集合点8
集合点7
集合点9
集合点12
集合点11
集合点10

（此图仅做示例）

55

🔔 9.5 救援注意事项

发生人员中毒、窒息的紧急情况，抢救人员必须佩戴空气呼吸器或隔离式防护面具进入受限空间，并至少有 1 人在受限空间外部负责联络工作。迅速将窒息者或中毒者移至户外露天处，施以急救措施，同时尽快送往医院救治。

如果不具备救援条件，人员应迅速报告，请求救援；其他人员负责看守现场，等待专业救援人员的到来。

具备条件时的救援

不具备条件时的看守和呼救

10 急救常识

🔔 10.1 硫化氢中毒后的救护

人体吸入硫化氢后，可出现流泪、眼痛、眼内异物感、视物模糊、流涕、咽喉灼热、胸闷、恶心、意识模糊等症状。部分人员可出现心脏损伤，重症者还可发生脑水肿、肺水肿等。人体吸入极高浓度的硫化氢可在数秒内引起窒息或死亡。发现人员硫化氢中毒时，应第一时间通知急救中心，平时则应增强自我保护意识。

🔔 10.2 一氧化碳中毒后的救护

对于一氧化碳中毒者，应迅速将其转移至通风处，松开衣领，注意保暖，观察人员意识。在等待急救车辆过程中，对于昏迷不醒的人员可将其头部偏向一侧，以防止呕吐物吸入肺中。对于昏迷较深的人员应尽快送往医院，在送往途中应持续进行人工呼吸。

🔔 10.3 热源及化学品灼伤的救护

自来水冲洗，严重时请医护人员处理。

🔔 10.4 中暑的救护

如果发现人员中暑或有中暑迹象，应将人员立即移至凉爽处，用湿毛巾擦拭头部或服用避暑药物，如果情况严重，应立即送往医院。

🔔 10.5 窒息的救护

窒息者的抢救主要是确保其呼吸畅通。调整窒息者的姿势，将其头部尽量往上抬，使得颈部紧紧绷直，一手放在窒息者脖子后面用力抬，一手放在额头往外推，这个动作可以使窒息者的嘴自然张开，确保其呼吸道畅通，便于呼吸，使其慢慢恢复状态。如不起作用，应立即通知急救部门，并持续进行人工呼吸。

🔧 呼吸判断

拨打急救电话前，需确定窒息者的呼吸、脉搏，然后再求助。

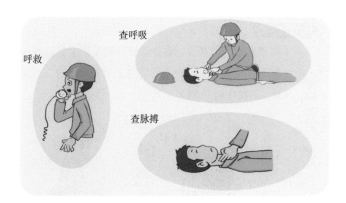

呼救

查呼吸

查脉搏

🔘 开放气道

使窒息者仰卧在坚实平面上，清除呼吸道及口内异物，打通气道。

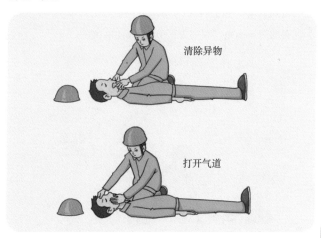

清除异物

打开气道

人工呼吸

一手捏紧窒息者的鼻孔，将施救者的嘴紧贴窒息者嘴作快而深的吹气，每次吹气 1~1.5 秒，至窒息者胸部抬起。实施心肺复苏时，每按压胸部 15 次后吹气 2 次。

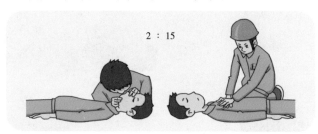

胸外心脏按压

按压胸廓时垂直向下均匀用力，着力点在掌根部，每次下压胸廓约 4~5cm，频率为每分钟 80~100 次。

下压约4~5cm